Python
程序设计入门

▶ 顾问:	张家华	李鸣华	朴松昊	朱敬东
	吴明晖	常 琳		

▶ 主编:	方 顾	郭明伟	蒋先华	郤云江

▶ 副主编:	陈 斌	韩 潇	黄剑锋	洪优萍
	金 敏	沈永翔	徐敬生	汪高锋
	杨 健	叶 晋	朱 晔	

▶ 编写人员:	陈晓颖	侯晓蕾	景东男	李菁雯
	李 瑶	林 鸣	林紫秀	刘 续
	梁 宁	陆意斌	苗 森	沈佳斌
	施 虹	孙 虎	孙鹤祎	孙俊梅
	毛明山	唐幸忠	王嘉焕	王 霄
	夏晓莺	胥潇杭	徐思婕	薛梦如
	余国罡	张 睿	张逸凡	郑丽华
	周乐跃	周雪娇	周义凡	朱芦卫

ZHEJIANG UNIVERSITY PRESS
浙江大学出版社

图书在版编目（CIP）数据

Python 程序设计入门 / 方顾等主编 . -- 杭州：浙
江大学出版社，2020.9
ISBN　978-7-308-20559-7

Ⅰ．①P…　Ⅱ.①方…Ⅲ．①软件工具 - 程序设计
Ⅳ . ① TP311.561

中国版本图书馆 CIP 数据核字 (2020) 第 174856 号

Python　Chengxu Sheji Rumen
Python 程序设计入门

方　顾　郭明伟　蒋先华　郤云江　主编

责任编辑	肖　冰	
文字编辑	李　琰	
责任校对	汪淑芳	
封面设计	钱苗苗	
出版发行	浙江大学出版社	
	（杭州市天目山路 148 号 邮政编码 310007）	
	（网址：http://www.zjupress.com)	
排　　版	钱苗苗	
印　　刷	杭州高腾印务有限公司	
开　　本	787mm × 1092mm　1/16	
印　　张	6.5	
字　　数	118 千	
版 印 次	2020 年 9 月第 1 版　2020 年 9 月第 1 次印刷	
书　　号	ISBN　978-7-308-20559-7	
定　　价	32.00 元	

序

随着信息技术的发展，人工智能时代悄然来临，而人工智能离不开计算机程序设计，也就是我们常说的编程。在未来，人类将越来越多地使用人工智能技术，这要求我们不仅需要学会与他人沟通合作，还要学会与机器交流协作，因此可以说，编程是一项适应未来生活的基本技能。

在编程时，我们设计一系列的程序指令，指挥计算机执行特定的任务或解决问题。学习编程可以帮助人们了解计算机的工作原理，通过算法结构和逻辑来表达自己的想法，进行批判性思考，实现自己的创意，在高度数字化的未来社会中取得更大的成功。因此，也有人把编程看作一种新时代的读写能力。正如写作可以助人深入思考、表达观点一样，计算机编程也能发挥同样的作用。

目前，编程教学已经纳入中小学综合实践活动课程和信息技术学科课程。少儿编程一般采用图形化的界面，这样的界面更容易理解，增加趣味性，把学习过程聚焦于设计程序和创意实现上，符合创客教育"智能造物"的理念。少儿编程也是创客教育中公认的入门级课程。此外，少儿编程是 STEAM 课程整合的有力结合点。学习编程，培养了学生多学科综合应用的能力，学生就像拿到了一把神奇的钥匙，可以打开一扇新世界的大门。优秀的编程项目可以与数学、科学、工程、艺术等学科进行主题式整合，其中涉及平面直角坐标系、数据类型、算术运算、几何图形等数学知识，逻辑变量、比较逻辑、逻辑运算、逻辑控制等逻辑思维，造型创造、声音编辑、音乐设计等艺术知识，创意设计、用户体验、交互设计、设计思维等能力，为培养学生的创造性思维提供了一个很好的实践场。

Python 是一种免费、开源、跨平台的高级动态编程语言，支持命令式编程和函数式编程，完全支持面向对象的程序设计思想，拥有大量功能强大的内置对象、标准库等。Python 语言已经渗透到统计分析、移动终端开发、人工智能、网站开发、数据爬取与大数据处理等专业和领域。Python 代码对布局的要求非常严格，尤其是使用缩进来体现代码间的逻辑关系，这一硬性要求非常有利于学习者养成良好的、严谨的编程习惯。目前已更新至 Python 3.8 版本，相对于 Python 的早期版本，这是一次较大的升级。为了不带入过多的累赘，Python 3.0 及以上版本在设计的时候没有考虑向下兼容。

本书的作者团队拥有丰富的教学经验，以 Python 3.0 为基础进行编写，通过科学合理的结构、通俗易懂的语言，精心设计每一个学习项目，循序渐进，层层深入，带你开启一场 Python 编程妙趣之旅。

哈尔滨工业大学计算机学院　博士生导师、教授
朴松昊

目录 CONTENT

起步篇

- ★ 了解顺序结构

- ★ 认识基本的数据类型

- ★ 掌握文本的输入与输出

L1-1 认识新朋友

🖥 计算机程序

计算机程序简称程序，也称为软件，是指用一种计算机能够理解的语言对计算机描述着一件事的做法和流程。

举个例子，在计算机网络中，经常会发生计算机信息被窃取的事件。假如你是一家大公司的负责人，每天都需用计算机处理大量的商业机密文件。为了避免公司的信息被窃取，你就要想办法对文件进行加密。这类加密处理就是通过程序实现的。

··· 想一想 ···

你还能举出哪些例子？

</> 程序语言

计算机程序语言是用来书写计算机程序的语言。打个比方，一个程序就像一个用汉语（程序语言）写下的红烧肉菜谱（程序），用于指导懂汉语和烹饪手法的人来做这个菜。

在程序语言发展史中，程序语言的抽象级别不断提高，其表现力越来越强大。早期程序员使用汇编语言编程，接着使用面向过程的程序语言（如Pascal、C等），然后发展到面向对象的程序语言（如C++、Java、C#等）。随着因特网的发展，网络动态程序语言（如PHP、Python等）得到了广泛应用。

📑 **Python 程序设计语言简介**

　　Python 这个名字来源于设计者 Guido (吉多) 喜欢的电视连续剧《蒙蒂·派松的飞行马戏团》。他希望新的语言 Python 能够满足编写自动化脚本、易学、可扩展等关于程序语言的愿景。

　　Python 是全球公认的"胶水语言"，它拥有强大的第三方库，因此可以将其他语言制作的各种模块轻松地连接到一起，并且诞生时便具有类、函数、异常处理，集百家之所长，掌控大局之力。人工智能、大数据的快速发展，促进了 Python 的发展，使程序语言更精炼。举个例子，想实现同一个功能，C++ 需要 1000 行代码，Java 需要 100 行代码，而 Python 只需要 10 行。

　　Python 被广泛地应用于空间技术、地理位置计算与分析、搜索引擎、网站开发、机器人自动化测试等各个领域。学完 Python,十八般武艺样样精通——上至云平台搭建、人工智能建模，下到自动化事务管理，无所不能！我们日常生活中经常接触到的知乎就大量用到了 Python 技术，如图 1-1-1 所示。

图 1-1-1

📋 Python 编程界面简介

Python 编程界面如图 1-1-2 所示，主要包含以下两个部分。

1. 代码编辑区：用于编写 Python 程序代码。

2. 文本输出区：单击"运行"按钮，即可在此区域看到代码运行结果或错误提示。

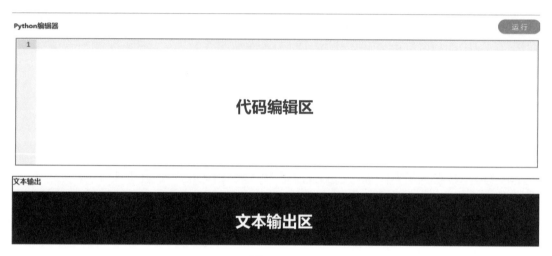

图 1-1-2

📋 课堂任务

让我们自己动手编写第一个程序：在文本输出区中显示"你好"。

要学习 Python 编程，可以访问官网（https://www.python.org/）下载开发环境（推荐使用谷歌浏览器或 360 极速浏览器）。若想使用在线编辑器可以使用"小码王校园"(https://school.xiaomawang.com/)，本书以"小码王校园"为例。

登录小码王校园后，打开"1 认识新朋友"案例，单击 Python 3.0 程序设计基础旁边的"去做作业"按钮进入 Python 在线编辑器界面，如图 1-1-3 所示。

图 1-1-3

第一步：在 Python 中，可以使用 print() 函数来输出文本内容。

函数	说明
print(" 想要显示的文本 ")	输出设定好的内容

第二步：在 Python 编辑器界面中单击"运行"按钮，查看文本输出区的运行结果，如图 1-1-4 所示。

图 1-1-4

在运行程序后，如果文本输出区的运行结果不是"你好"，那么就表示代码有误。

错误类型 ←

错误位置 →

| SyntaxError: | bad token | on line 1 |

↓

错误原因

首先查看错误信息提示，"SyntaxError"表示语法错误，"bad token"表示符号错误，"on line 1"表示错误在代码编辑区的第 1 行。

其次找到错误的代码，检查标点符号（引号、括号），确保所有的标点都使用英文模式。

最后再次运行程序，查看文本输出区是否正常输出结果。

进阶任务

介绍自己，试试输出如图 1-1-5 所示的多行文本。

文本输出

```
大家好！
我叫小码君
我今年12岁了
```

图 1-1-5

🏳 自我评价

· 完成课堂练习　　☐ 达标　　　　　　· 完成进阶任务　　☐ 达标

L1-2 外汇兑换

🏳 任务情境

小码君就要去美国游学了，需要去银行兑换一些美元。请帮他设计一个程序，用来计算兑换一定数量的美元需要相应准备多少人民币。

··· 小贴士 ···

汇率指的是一个国家的货币与另一个国家的货币的兑换比率。例如，某天美元对人民币的汇率为 7.10909，表示当天 1 美元可以兑换 7.10909 元人民币。

感兴趣的同学可以在课外查阅相关资料，了解有关汇率的更多知识。

📋 任务分析

将人民币兑换成美元需要按照一定的汇率进行计算。

在本课任务中，小码君可按如下公式计算出需要准备的人民币金额：

人民币金额 = 美元金额 × 美元对人民币的汇率

··· 试一试 ···

请上网查询当天美元对人民币的汇率。

如图 1-2-1 所示是该程序的流程图。

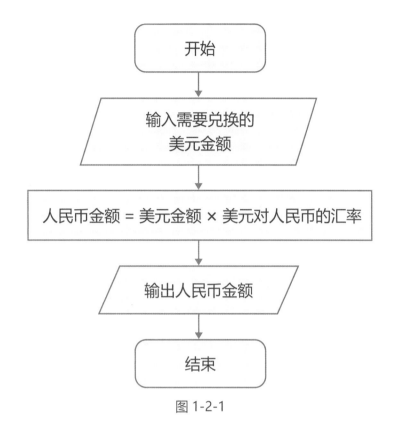

图 1-2-1

第一步：输入需要兑换的美元金额。在 Python 中，可以使用 input() 函数来接收键盘输入的数据。

函数	说明	举例
input()	从键盘接收一个输入数据	input(" 请输入：")

第二步：将输入的值存放到一个变量中，变量可以理解为一个容器。在同一个 Python 程序中，可以定义多个变量。为了区分不同的变量，应当为每个变量取一个适当的名字（变量名）。

在 Python 中，变量名可以由字母、数字、下划线组成，但是不能以数字开头。

··· 想一想 ···

下列哪些是符合规范的变量名？

x1　y_5　6z　Day　num　9_num

··· 小贴士 ···

Python 是区分大小写的，因此 X1 和 x1 是不同的变量！

使用赋值语句把信息（变量值）存储到变量。在程序的执行过程中，可以随时为变量赋上不同的值。

语法	说明	举例
变量名 = 变量值	为变量赋值	a=500，my=int(input())

··· 试一试 ···

定义一个变量，并用它来接收键盘输入的一个数字，随后使用 print() 函数来查看变量值。

第三步：计算出货币兑换的结果，并将它赋值给第二个变量。例如：rmb=my * 7.10909。

算术运算符	描述	举例（假设 x=10，y=2）
+	加：两个数相加	x+y 的输出结果为 12
-	减：一个数减去另一个数	x-y 的输出结果为 8
*	乘：两个数相乘	x*y 的输出结果为 20
/	除：一个数除以另一个数	x/y 的输出结果为 5

Python 中包含 str（字符串）、number（数字）等 6 种数据类型。其中字符串型数据是用英文双引号括起来的，而数字型数据还可以进一步细分成 int(整型) 和 float(浮点型) 等。例如，123 是整数，1.23 是浮点数，"123" 则是字符串。

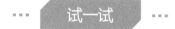

试一试

使用第二步"试一试"中创建的变量去乘以美元对人民币的汇率，你发现了什么问题？

在 Python 中，不同的数据类型通常不能直接进行算术运算。input() 函数的默认返回值为 str(字符串) 类型，所以需要将它转换成数字后才能进行算术运算。Python 中也提供了用于数据类型转换的函数。

数据类型	说明	举例	
		输入	结果
int （字符串或浮点数）	将一个字符串或浮点数转换成整数。例如，将一个小数转换成整数时，只返回它的整数部分	int("3")	3
		int(3.5)	3
		x=3.5 int(x)	x=3
float （整数或字符串）	将一个整数或字符串转换成浮点数	float(3)	3.0
		x="3" float(x)	x=3.0
str （整数或浮点数）	将一个整数或浮点数转换成字符串	str(3)	"3"
		x=3.14 str(x)	x="3.14"

··· 小贴士 ···

在 Python 中，一个整型的数据与一个浮点型的数据进行算术运算后，其结果将会自动转换成浮点型。

第四步：将结果变量的值输出。

算法实现

该程序的运行结果如图 1-2-2 所示。

Python编辑器

```
1  my=int(input("请输入美元金额："))
2  rmb=my*7.10909
3  print("需要准备的人民币金额为："+str(rmb))
```

文本输出

```
请输入美元金额： 500
需要准备的人民币金额为：3554.545
```

图 1-2-2

••• 小贴士 •••

在 Python 中，可以使用 "+" 来连接两个字符串。例如，"你好" + "中国" 的结果是 "你好中国"。

进阶任务

设计一个用于任意货币之间进行兑换的计算器，即输入需要兑换的某种币值，再输入汇率，最后输出按照该汇率兑换该种币值需要多少另一种币值。

自我评价

· 完成课堂练习　　☐ 达标　　　　· 完成进阶任务　　☐ 达标

L1-3 密文编码器

📖 任务情境

小码君有一份文件，里面的数据非常重要。考虑到数据的安全性，请帮小码君设计一个密文编码器，将原文中的字符转换成密文。注：每次加密一个字符。

··· 小贴士 ···

美国信息交换标准代码（ASCII 码），是基于拉丁字母的一套电脑编码系统。它是最通用的信息交换标准。

感兴趣的同学可以在课外查阅相关资料，了解有关 ASCII 码的更多知识。

📋 任务分析

将需要加密的字符转换成 ASCII 码后，再通过一定的加密运算得到加密的字符。

··· 试一试 ···

请上网查询 ASCII 码标准表。

在本课中，我们采用的加密方法是：将原字符对应的 ASCII 码加 3，然后把新的 ASCII 码转化为加密后的字符。字符 A 的加密方式如图 1-3-1 所示。

图 1-3-1

如图 1-3-2 所示是该程序的流程图。

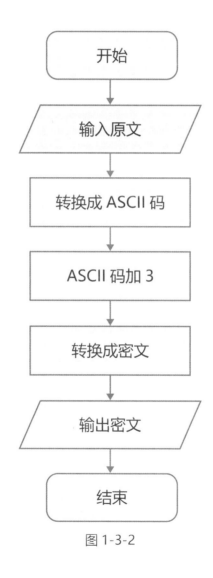

图 1-3-2

第一步：输入原文。

在 Python 中，运用什么函数可以接收键盘输入的数据？

第二步：将原文转换为 ASCII 码。在 Python 中，ord() 函数以一个字符作为参数，返回对应的 ASCII 码数值；chr() 函数则将 ASCII 码数值转换回对应的字符。

函数	说明	举例	
		输入	结果
ord(str)	将一个字符转换成 ASCII 码数值	ord("a")	97
chr(int)	将一个 ASCII 码数值转换成字符	chr(97)	"a"

第三步：加密运算。将 ASCII 码数值加 3 得到新的 ASCII 码数值。

不同的数据类型通常不能直接进行算术运算。在 Python 中，可以使用 type() 函数来获取数据的类型。比如 type(1) 得到的结果为 int 类型。

第四步：将新的 ASCII 码数值转换成对应的字符，并输出密文。

算法实现

该程序的运行结果如图 1-3-3 所示。

Python编辑器

```
1  before=input("请输入原文：")
2  after=chr(ord(before)+3)
3  print("加密后的字符："+after)
```

`运行`

文本输出

```
请输入原文：H
加密后的字符：K
```

图 1-3-3

进阶任务

设计一个密文解码器，使它可以将密文中的字符转换回原文的字符。

自我评价

· 完成课堂练习　　☐ 达标　　　　　　· 完成进阶任务　　☐ 达标

综合练习一

编写一个计算球体积的程序。

🚩 任务要求

(1) 由用户输入球的半径；
(2) 输出球的体积。

📃 任务分析

(1) 根据球的体积公式编写程序；
(2) 圆周率 (π) 取 3.14。
(提示：球体积 $V = \frac{4}{3}\pi r^3$)

📈 算法实现

文本输出

```
输入球的半径： 3
球的体积为：113.04
```

提高篇

- ★ 了解分支结构
- ★ 认识常见的表达式
- ★ 掌握多种分支语句

小码家族

▶▶▶ **小码家族介绍**

小码君爸爸　生日：4月1日。职业：程序员。对互联网、AI、STEAM教育感兴趣。

小码君妈妈　生日：6月19日。职业：设计师。细心谨慎。

小码君　生日：5月6日。职业：学生。调皮机灵，擅长编程。

L2-1 生日登录系统

🏁 任务情境

小码君的妈妈就要过生日了。请帮小码君设计一个程序，妈妈登录后就可以看见给她的生日祝福语。

📋 任务分析

妈妈输入正确的生日后即可登录成功。如图 2-1-1 所示是该程序的流程图。

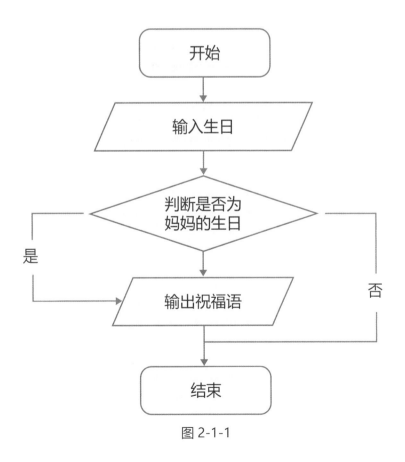

图 2-1-1

第一步：输入生日。接收键盘输入的数据并用变量存储。例如：
birthday = int(input(" 请输入你的生日："))。

第二步：判断生日。在 Python 中可以使用 if 语句来判断条件表达式是否成立。

语法	说明	举例
if 条件表达式： 　　代码块	如果判断 "条件表达式" 为正确 (True)，将执行"代码块"中的语句	n = 2 if n>1: 　　print("n 大于 1")

··· 试一试 ···

当我们输入 if 表达式后按回车键，和之前编写代码后按回车键有什么不同？若按之前编写代码的格式编写 if 表达式的下一行，你发现了什么？

··· 小贴士 ···

在 Python 中，用缩进来表示程序结构或代码的层级关系，可用 Tab 键或 (4 格) 空格键，不建议混用。

第三步：如果输入的生日正确，则输出祝福语。

📈 算法实现

该程序的运行结果如图 2-1-2 所示。

Python编辑器   运行

```
1  birthday=int(input("请输入生日："))
2  if birthday==619:
3      print("祝妈妈生日快乐！")
```

文本输出

```
请输入生日： 619
祝妈妈生日快乐！
```

图 2-1-2

小贴士

在 Python 中，"="表示赋值，双等号"=="表示等于。

⏱ 进阶任务

在现有的基础上增加：当输入小码君爸爸的生日时，则会输出"祝爸爸生日快乐！"

🚩 自我评价

·完成课堂练习　　☐ 达标　　　　　　　·完成进阶任务　　☐ 达标

L2-2 判断闰年

任务情境

小码君发现每次判断年份是闰年还是平年时，都要自己计算一下，觉得很麻烦。请帮他设计一个程序，能快速判断年份是闰年还是平年。

小贴士

闰年是公历中的名词，它是为了弥补因人为历法规定造成的年度天数与地球实际公转周期的时间差而设立的。

闰年分为普通闰年和世纪闰年。普通闰年：公历年份是 4 的倍数，且不是 100 的倍数，如 2004 年就是普通闰年；世纪闰年：公历年份是整百数，且必须是 400 的倍数，如 1900 年不是世纪闰年，而 2000 年是世纪闰年。

闰年的计算，归结起来就是通常说的：四年一闰；百年不闰，四百年再闰。

感兴趣的同学可以在课外查阅相关资料，了解有关闰年的更多知识。

任务分析

（1）不能被 4 整除的一定不是闰年；

（2）能被 4 整除的非整百年是闰年；

（3）整百年中能被 400 整除的是闰年。

上述判断方法在条件表达式中的"代码块"语句如图 2-2-1 所示。

如果不能被4整除：
　　不是闰年
否则：
　　如果不能被100整除：
　　　　是闰年
　　否则：
　　　　如果能被400整除：
　　　　　　是闰年
　　　　否则：
　　　　　　不是闰年

　　　　　　　　不能被4整除的一定不是闰年。

　　　　　　　　能被4整除的非整百年是闰年。

　　　　　　　　整百年中能被400整除的是闰年。

图 2-2-1

如图 2-2-2 所示是该程序的流程图。

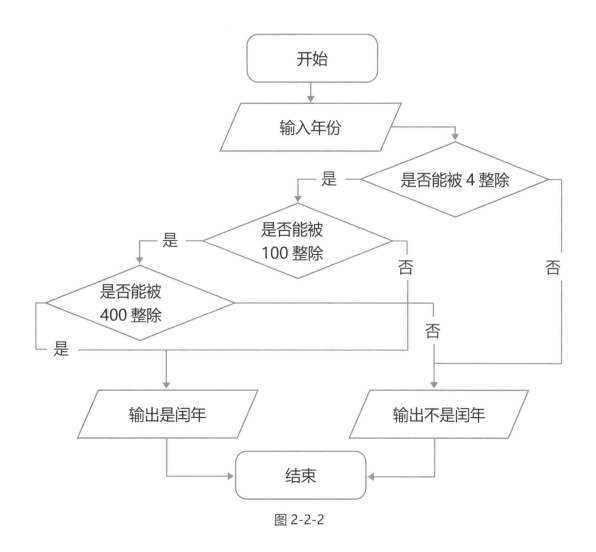

图 2-2-2

第一步：定义变量 year，并输入需要判断的年份，为变量赋值。我们已经知道，在 Python 中，使用 input() 函数可以接收键盘输入的数据，而需要将数据转化为数字时，可以使用 int() 函数。

第二步：总结出判断是否为闰年时，我们需要判断输入年份是否能被特定值整除，如果能被整除的，那么余数为 0。这种运算逻辑在 Python 中称为取模运算，也可称为取余运算，可以使用 "%" 运算符进行这种逻辑运算。

运算符	说明	举例
%	取模运算：返回除法的余数	x=21 y=10 z=x % y print ("z 的值为：", z)

小贴士

Python 中，"!=" 表示不等于，则"年份不能被 4 整除"可表示为"(year % 4) != 0"。

第三步：判断闰年。在 Python 中可以使用 "if...else..." 条件语句根据判断条件表达式的结果执行不同的代码块语句。当 if 后的条件表达式成立时，则执行该条件表达式后的代码块语句，否则将执行 else 后的代码块语句。

语法	说明	举例

if 条件表达式：
　　代码块 _1
else：
　　代码块 _2
	如果"条件表达式"的判断结果为 True，则执行"代码块 _1"语句；如果判断结果为 False，则执行"代码块 _2"	n=4
		if n>3:
		　　print("n 大于 3")
		else:
		　　print("n 小于或等于 3")

将判断闰年的方法，代入条件语句得到如图 2-2-3 所示的编码步骤。

```
if year%4!=0:              #如果不能整除4
    输出"不是闰年"
else:                      #否则
    if year%100!=0:        #如果不能整除100
        输出"是闰年"
    else:
        if year%400==0:    #如果能整除400
            输出"是闰年"
        else:
            输出"不是闰年"
```

图 2-2-3

小贴士

1. 每个条件后面要使用冒号（:），表示接下来是满足条件后要执行的语句块。

2. 使用缩进来划分语句块，相同缩进数的语句在一起组成一个语句块。

第四步：编写输出值。在 Python 中，可以使用格式化字符串的 format() 函数输出结果是否为闰年。基本语法是通过"{}"和"."来代替"%"。输出部分的代码为 print("{0} 是闰年 ".format(year)) 和 print("{0} 不是闰年 ".format(year))。

小贴士

format() 函数可以接收无限个参数，位置可以不按顺序。

📈 算法实现

该程序的运行结果如图 2-2-4 所示。

Python编辑器

运行

```
1   year=int(input("请输入年份："))
2   if year%4!=0:
3       print("{0}不是闰年".format(year))
4   else:
5       if year%100!=0:
6           print("{0}是闰年".format(year))
7       else:
8           if year%400==0:
9               print("{0}是闰年".format(year))
10          else:
11              print("{0}不是闰年".format(year))
```

文本输出

```
请输入年份： 2020
2020是闰年
```

图 2-2-4

📋 进阶任务

请用其他方式判断闰年。

··· 小贴士 ···

在 Python 中，可以使用逻辑运算符优化判断闰年的方法。

逻辑运算符	基本格式	说明	举例
and	x and y	如果 x 为 False，x and y 为 False，否则输出 y 的值	x=10 y=20 print(x and y)
or	x or y	如果 x 为 True，输出 x 的值，否则输出 y 的值	x=10 y=20 print(x or y)

我们可以通过下表来简单了解"与""或"运算的执行结果。

a	b	"与"运算输出	"或"运算输出
真	真	真	真
真	假	假	真
假	真	假	真
假	假	假	假

📮 **自我评价**

·完成课堂练习　　☐ 达标　　　　　　·完成进阶任务　　☐ 达标

L2-3 得力助手

📕 任务情境

　　期末了，小码君作为老师的得力小助手，要帮助老师将同学们的期末成绩换算成等第。等第要求：90 分及以上为等第 A，75 分 ~89 分为等第 B，60 分 ~74 分为等第 C，60 分以下为等第 D。

📋 任务分析

　　作为一个用来换算成绩的小程序，首先需要具备的功能就是输入分数。输入成绩后，需要进一步进行判断，然后按照以下分段划分给出相应的等第结果：

　　90 ≤ 成绩 ≤ 100 给出等第 A；

　　75 ≤ 成绩 < 90 给出等第 B；

　　60 ≤ 成绩 < 75 给出等第 C；

　　成绩 < 60 给出等第 D。

如图 2-3-1 所示是该程序的流程图。

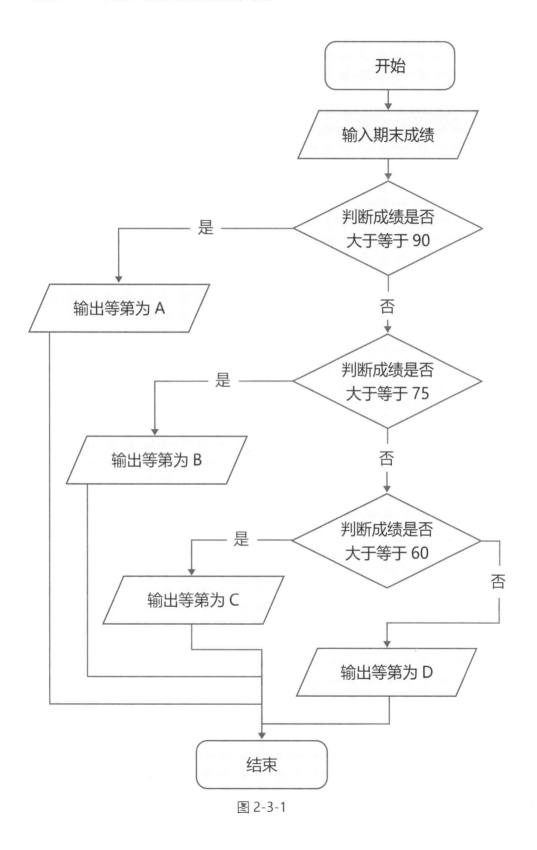

图 2-3-1

第一步：使用 input() 函数输入期末成绩，并存储在变量 score 中。

第二步：依次判断输入的成绩对应的等第。如果遇到需要判断多次条件执行的内容时，在 Python 中可以使用 "if...elif...else" 这样的多重分支结构。

语法	说明	举例

if 条件一：
elif 条件二：
else：
	多重分支结构：当不满足上一条件时，通过新的条件继续判断	n=4
		if n>3:
		    print("n 大于 3")
		elif n==3:
		    print("n 等于 3")
		else:
		    print("n 小于 3")

··· 小贴士 ···

我们已经学过的 "if...else..." 语句被称为单分支结构，即只判断一次条件。而 "if...elif...else..." 这样的多重分支结构需要判断多次条件，其中 elif 是 else if 的简写，代表不满足上一条件，进入 else 分支，同时有新的 if 条件需要判断。在一个多重分支结构内，可以有多个 elif，但 if 和 else 是唯一的。

第三步：输出对应的等第。

🔾 算法实现

该程序的运行结果如图 2-3-2 所示。

Python编辑器

运行

```
1  score=int(input("请输入期末成绩："))
2  if score>=90:
3      print("你的期末成绩等第为A")
4  elif score>=75:
5      print("你的期末成绩等第为B")
6  elif score>=60:
7      print("你的期末成绩等第为C")
8  else:
9      print("你的期末成绩等第为D")
```

文本输出

```
请输入期末成绩： 90
你的期末成绩等第为A
```

图 2-3-2

··· 小贴士 ···

在 Python 中，"＞＝"表示大于或等于，则 90 分及以上可表示为"score＞=90"。

📋 进阶任务

请帮小码君再设计一个程序，将成绩分为考试成绩和平时成绩两部分，按照考试成绩占 70%、平时成绩占 30% 的比例算出一个最终成绩并给出相应的等第。

提示计算公式：最终成绩 = 考试成绩 × 0.7+ 平时成绩 × 0.3

🚩 自我评价

·完成课堂练习　　☐ 达标　　　　　　·完成进阶任务　　☐ 达标

综合练习二

编写一个猜数字的程序。

🚩 任务要求

（1）由用户输入数字；
（2）输出猜数字的结果。

📋 任务分析

（1）设定一个数字；
（2）将用户输入的数字与设定的数字进行比较，并输出相应的比较结果。

📈 算法实现

文本输出

```
请输入猜的数字：
数字太大了！
请输入猜的数字：
数字太小了！
请输入猜的数字：
猜对了！
```

进阶篇

- ⭐ 了解循环结构
- ⭐ 认识常用的数据结构
- ⭐ 掌握多种循环语句

L3-1 人口自然增长

⚑ 任务情境

据国家统计局统计，2018 年我国的人口总数约为 13.95 亿。小码君想那10 年后，我国的人口总数会达到多少人呢？请你帮他设计一个程序，用来估计 10 年后（2028 年）我国的人口总数。

▤ 任务分析

要估计 10 年后我国的人口总数，我们需要知道我国每年的人口自然增长率，然后通过一定的公式来计算。

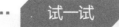

··· 小贴士 ···

人口自然增长率是指一定时期内（通常为 1 年内）人口自然增长数与年平均总人数之比。例如，2009 年至 2018 年的中国人口自然增长率如下表所示（数据来自国家统计局）。

年份	2009	2010	2011	2012	2013	2014	2015	2016	2017	2018
中国人口年度自然增长率	5.05‰	4.83‰	4.79‰	4.95‰	4.92‰	5.21‰	4.96‰	5.86‰	5.32‰	3.81‰

··· 试一试 ···

根据小贴士中 2009 年至 2018 年这 10 年的中国人口年度自然增长率，请你计算出这 10 年的人口自然增长率的平均值：＿＿＿＿＿＿＿＿。

感兴趣的同学可以在课外查阅相关资料，了解有关人口自然增长率的更多知识。

在本课任务中，小码君可以按照以下公式计算出一年后的人口总数量：

一年后的人口总数 = 该年的人口总数 ×(1+ 人口自然增长率)

那么，重复使用 10 次上面的公式就可以计算出 10 年后我国人口的总数量，如图 3-1-1 所示。

一年后人口总数量 = 该年人口总数量 ×(1+ 第一年的人口自然增长率)

二年后人口总数量 = 一年后人口总数量 ×(1+ 第二年的人口自然增长率)

三年后人口总数量 = 二年后人口总数量 ×(1+ 第三年的人口自然增长率)

四年后人口总数量 = 三年后人口总数量 ×(1+ 第四年的人口自然增长率)

五年后人口总数量 = 四年后人口总数量 ×(1+ 第五年的人口自然增长率)

六年后人口总数量 = 五年后人口总数量 ×(1+ 第六年的人口自然增长率)

七年后人口总数量 = 六年后人口总数量 ×(1+ 第七年的人口自然增长率)

八年后人口总数量 = 七年后人口总数量 ×(1+ 第八年的人口自然增长率)

九年后人口总数量 = 八年后人口总数量 ×(1+ 第九年的人口自然增长率)

十年后人口总数量 = 九年后人口总数量 ×(1+ 第十年的人口自然增长率)

图 3-1-1

　　其实，像这样需要多次（有限次）重复使用同一语句时，我们只需要添加一个变量用来计数，再使用循环结构就可以简化整个过程。如图 3-1-2 所示是该程序的流程图。

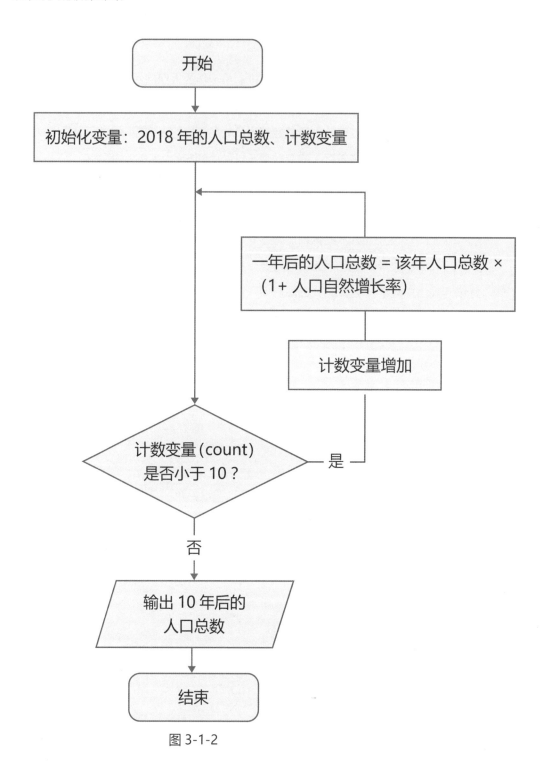

图 3-1-2

第一步：初始化变量。创建两个变量 totalpop 和 count 分别用于记录人口数量和计数。初始化变量 totalpop 为 2018 年的人口总数 (1395000000)，初始化变量 count 为 0。

第二步：构建循环结构。Python 语言中有 while 循环和 for 循环这两种循环结构，本课内容以 for 循环为例。for 循环常用于遍历序列，可逐个获取序列（比如字符串、列表、字典等序列类型）中的各个元素。for 循环的语法格式如下。

语法	说明	举例
for 循环变量 in 序列： 　　循环体	判断是否为序列中的元素，如果是，执行循环体内容；如果不是，结束程序	for count in range (0,10)： 　　循环体

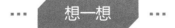

小贴士

range( ) 函数是 Python 内置的函数，用于生成一系列连续的整数，多用于 for 循环中。

range( ) 函数的语法格式如下：range(start,end,step)。此函数中各参数的含义如下：

➤ start：用于指定计数的起始值，如果省略不写，则默认从 0 开始；
➤ end：用于指定计数的结束值（不包括此值），此参数不能省略；
➤ step：用于指定步长，即两个数之间的间隔，如果省略则默认步长为 1。

总之，在使用 range( ) 函数时，如果只有一个参数，则表示指定的是 end；如果有两个参数，则表示指定的是 start 和 end。

想一想

本课中，range( ) 函数的参数为什么是（0,10），而不是（1,10）呢？

第三步：构建循环体。根据流程图，我们可以知道本次循环结构的循环体中包含两个语句，分别为：计算一年后的人口总数、计数变量加 1。用程序语言可表示为 totalpop=totalpop*(1+0.0052)，count=count+1。

第四步：输出 10 年后的人口总数。当计算人口总数时，小数是不允许出现的，因此我们使用 int( ) 函数进行取整操作。

📈 算法实现

该程序的运行结果如图 3-1-3 所示。

Python编辑器　　　　　　　　　　　　　　　　　　　　　　　　运行

```
1  print("据2018年国家统计局统计，我国约有139000000人口")
2  totalpop=1395000000
3  count=0
4  for count in range(0,10):
5      totalpop=totalpop*(1+0.0052)
6      count=count+1
7  print("10年后我国的人口数量约为：{0}人口".format(int(totalpop)
```

文本输出

```
据2018年国家统计局统计，我国约有139000000人口
10年后我国的人口数量约为：1469261189人口
```

图 3-1-3

··· 小贴士 ···

for 循环语句会自动增加计数，所以我们可以对程序做以下简化：1）不需要初始变量 count；2）不需要添加循环体 count=count+1 使计数增加。如图 3-1-4 所示。

```
1  print("据2018年国家统计局统计，我国约有139000000人口")
2  totalpop=1395000000
3  for count in range(0,10):
4      totalpop=totalpop*(1+0.0052)
5  print("10年后我国的人口数量约为：{0}人口".format(int(totalpop)))
```

图 3-1-4

想一想

在任何循环结构的构建中，都可以使用 for 循环吗？你能说出 for 循环的适用条件吗？

进阶任务

2018 年我国有 13.95 亿人口，按照每年 0.502% 的增长速度，预估多少年后达到 26 亿人口？

自我评价

·完成课堂练习　　□ 达标　　　　　　·完成进阶任务　　□ 达标

L3-2 巧判素数

📗 任务情境

小码君在做数学题的过程中，碰到了一个难题：要求快速地判断出随机生成的数字是否为素数。你能通过编程的形式帮助他吗？

··· 小贴士 ···

一个大于 1 的自然数，除了 1 和它自身外，不能被其他自然数整除就叫作素数；否则称为合数。素数又称质数。

感兴趣的同学可以在课外查阅相关资料，了解有关质数的更多知识。

📄 任务分析

首先需要了解素数的概念。在本课任务中，小码君可以按照以下步骤判断生成的数是否为素数：把一个数从 2 开始到这个数进行取余运算，如果能整除，那么这个数就不是素数。如图 3-2-1 所示是该程序的流程图。

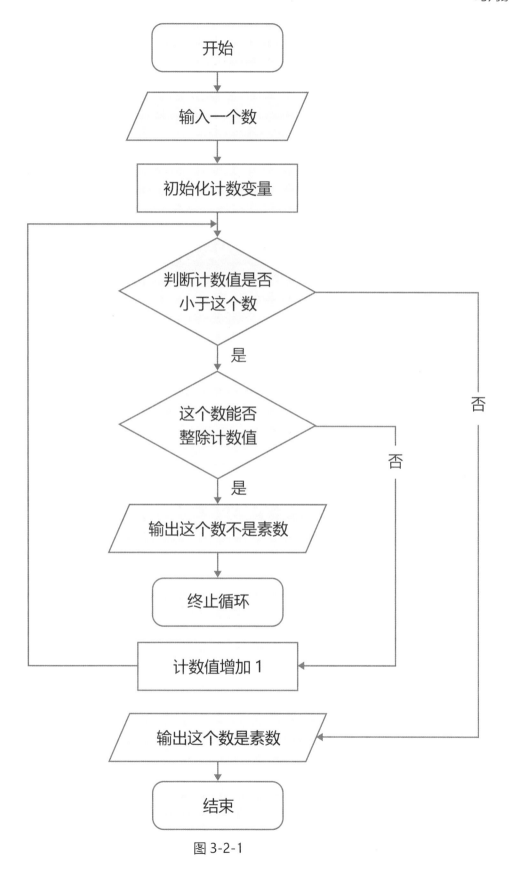

图 3-2-1

第一步：输入需要判定的数字。在 Python 中，可以使用 input() 函数来接收键盘输入，并需要强制化为 int 类型。

第二步：定义计数变量。因为是从 2 开始对输入的数字进行取余运算，所以将计数变量的初始值设定为 2，例如 i=2。

第三步：判断计数值是否超过这个数。在 Python 中，while 循环在给定的判断条件为真时会一直重复执行循环体；否则，退出循环体。

while 循环	说明	举例
while 条件表达式： 　　循环体	判断条件为真，则会一直执行循环体；判断条件为假，则结束循环体	i=1 while i<10: 　　print(i) 　　i=i+1

在本课中，进行素数判断的结果有两种：一种是素数，另一种则不是素数。在 Python 中可以使用 "while...else..." 语法，在条件语句的结果为 false(否) 的情况下会执行 else 中的语句块。

while 循环	说明	举例

while 条件表达式：
　　循环体
else：
　　语句块
	判断条件为真，则执行循环体；判断条件为假，则执行 else 中的语句块	count = 0
		while count < 5:
		　　print (count," 小于 5")
		　　count = count + 1
		else:
		　　print (count," 大于或等于 5")

for 循环和 while 循环的区别:

for 循环一般用于循环次数可以提前确定的情况；while 循环一般用于循环次数难以提前确定的情况。

第四步：判断素数。如果这个数能被当前计数值整除，那么这个数就不是素数；如果这个数不能被当前计数值整除，那么计算下一个计数值。

… 想一想 …

补充判断素数的程序代码并运行，你发现了什么？如何让程序结果只出现一次？

当执行循环时，如果要中途结束循环，在 Python 中可使用 break 命令强制离开循环。而 continue 命令则是在执行循环的过程中停止往下执行，并跳到循环起始处继续执行。break 语句和 continue 语句在 while 循环和 for 循环中都可以使用。

	break 语句	continue 语句
相同	在 while 循环和 for 循环中都可以使用	
不同	强制离开循环	停止往下执行，并跳到循环起始处继续执行

举例	```for i in range(1,11):
	    if (i==6):
	        break
	    print(i,end="")```
		``for i in range(1,11):
		    if (i==6):
		        continue
		    print(i,end="")```

分析	执行循环时，当 i=6 时符合条件表达式，执行 break 命令直接跳出循环并结束程序	执行循环时，当 i=6 时符合条件表达式，停止往下执行，从 continue 处直接跳到循环开始处继续执行
结果	12345	1234578910

📈 算法实现

该程序的运行结果如图 3-2-2 所示。

Python编辑器   运行

```
1   num=int(input("请输入一个自然数："))
2   i=2
3   while i<num:
4       if num%i==0:
5           print("{0}不是素数".format(num))
6           break
7       i+=1
8   else:
9       print("{0}是素数".format(num))
```

文本输出

```
请输入一个自然数： 31
31是素数
```

图 3-2-2

··· 小贴士 ···

判断这个数是不是素数，只需要判断这个数能否被从 2 开始到这个数的一半之间的
整数整除就可以了。

📋 进阶任务

小码君想要求出 100 以内的所有素数，你能帮他写出代码吗？

提示：需要考虑在已有循环外再加一个外层循环，我们称之为多重循环。

✏️ 自我评价

·完成课堂练习   □ 达标   ·完成进阶任务   □ 达标

L3-3 夏令营整队

🏳 任务情境

暑假到了，小码君参加了夏令营。这一天，老师让小码君帮忙按照同学们的身高从矮到高排成一列，请帮他设计一个程序。

··· **小贴士** ···

冒泡排序，是一种计算机科学领域的较简单的排序算法。

它重复地走访过要排序的元素列，依次比较两个相邻的元素，如果顺序（如从大到小、首字母从 Z 到 A）错误就把它们交换过来。走访元素的工作重复地进行直到没有相邻元素需要交换，也就是说该元素列已经排序完成。

这个算法的名字由来是因为越小的元素会经由交换慢慢"浮"到数列的顶端（升序排列），就如同碳酸饮料中二氧化碳的气泡最终会上浮到顶端一样，故名"冒泡排序"。

📃 任务分析

要按照从矮到高的顺序排列，我们首先需要知道每一位同学的身高，再通过对每位同学的身高进行比较，最后排列出整齐的队伍。

在本课任务中，小码君可以用冒泡排序法的原理对同学们的身高进行从矮到高的排列：

（1）比较相邻的元素。如果第一个比第二个大，就交换它们两个的位置。

（2）在当前元素列中，对每一对相邻元素（即从第一对到最后一对）重复步骤 (1)。经过此次排序，排在末尾的元素应该是最大的数。

（3）针对元素列中的所有元素（除了最后一个元素）重复以上的步骤 (1)、(2)。

如果将"89, 36, 55"这三个数按冒泡排序法进行排序, 排序过程如图 3-3-1 所示。

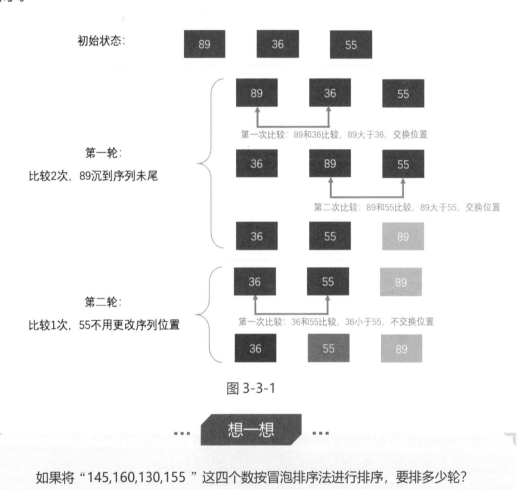

图 3-3-1

想一想

如果将"145,160,130,155"这四个数按冒泡排序法进行排序，要排多少轮？

我们只需要使用如上所示的排序方法，再使用循环结构就可以实现对元素列的冒泡排序，如图 3-3-2 所示是该程序的流程图。

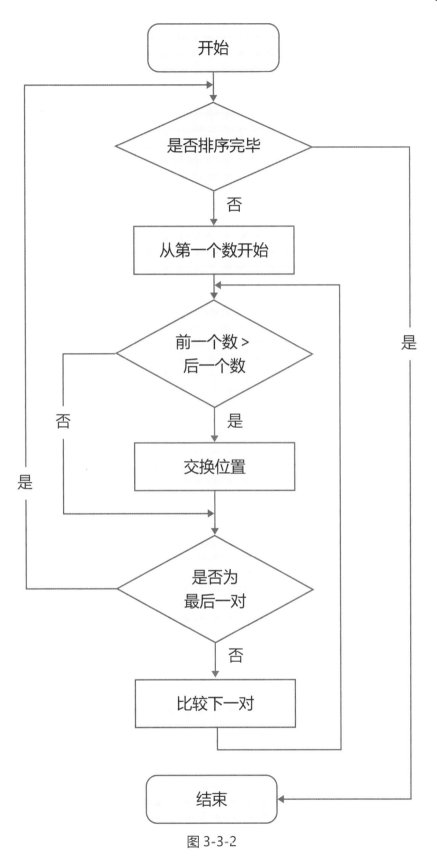

图 3-3-2

第一步：将学生的身高输入到一个列表中。在 Python 中，可以直接创建列表：Hts=[145,160,130,155]。

第二步：构建内循环结构。之前的课程中我们已经学过如何使用 for 循环来遍历序列，结合冒泡排序法的原理，需要将遍历序列的数与下一个数进行比较：如果前一个比后一个小，则不改变位置；如果前一个比后一个大，则交换位置。程序语言如图 3-3-2 所示。

```
1  team=0                          #中间量，交换位置时储存的变量
2  for j in range(len(Hts)-i-1):   #从第一个数开始到序列的最后一个数
3      if Hts[j]>Hts[j+1]:         #前一个大于后一个数
4          team=Hts[j]             #将第一个数存储在中间量中
5          Hts[j]=Hts[j+1]         #将后一个数赋值给前一个数
6          Hts[j+1]=team           #将中间量赋值给后一个数
```

图 3-3-2

第三步：构建外循环结构。本课程中共有 4 个数，总共进行 3 轮排序。如果有 N 个数，总共进行 N-1 轮排序。在 Python 中可以用 len() 函数来获得列表的总长度。

函数	说明	举例
len( )	获取列表的长度	len(nums)

📈 算法实现

该程序的运行结果如图 3-3-3 所示。

Python编辑器　　　　　　　　　　　　　　　　　　　运行

```
1  Hts=[145,160,130,155]
2  print("当前身高排序为：{0}".format(Hts))
3  team=0
4  for i in range(len(Hts)-1):
5      for j in range(len(Hts)-i-1):
6          if Hts[j]>Hts[j+1]:
7              team=Hts[j]
8              Hts[j]=Hts[j+1]
9              Hts[j+1]=team
10  print("排序后的顺序为：{0}".format(Hts))
```

文本输出

```
当前身高排序为：[145, 160, 130, 155]
排序后的顺序为：[130, 145, 155, 160]
```

图 3-3-3

📋 进阶任务

输入任意数字序列后，按照冒泡排序法排序。

✍ 自我评价

·完成课堂练习　　□ 达标　　　　　　　　·完成进阶任务　　□ 达标

综合练习三

编写一个寻找错别字个数的程序。

▣ 任务情景

功要园,行要园。修炼身中子母园,何愁性不园。喜团园,十分园。云水风邀月正园,无分昼夜园。

▤ 任务要求

(1)找出任务情景中的诗句中的错别字;

(2)输出错别字的个数。

◉ 任务分析

(1)利用 for 循环遍历字符串,查找出错别字;

(2)定义一个变量,初始值为 0,用于记录错别字的个数。

📈 算法实现

文本输出

功要园，行要园。修炼身中子母园，何愁性不园。
喜团园，十分园。云水风邀月正园，无分昼夜园。
共有 8 个错别字

小贴士

在 Word2010 中自动查找相同字符的个数，可以直接通过"编辑 - 查找"功能查找（快捷键：Ctrl+F）。如图 1 所示。

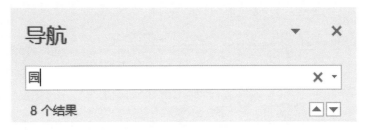

图 1

如果要将错别字修改正确，在 Word 中可以通过"编辑 - 替换"功能替换（快捷键：Ctrl+H）。如图 2 所示。

图 2

试一试，在 Python 中，如何将错别字修改正确。

精通篇

- ★ 了解多线程编程
- ★ 认识特有模块
- ★ 掌握自定义函数的语法结构

L4-1 通讯录

📄 任务情境

小码君有很多朋友，通讯录被写得密密麻麻，想要从中找到某人的电话或者修改某人的信息变得非常麻烦。请帮他设计一个便于查找的电子通讯录。

⋯ 小贴士 ⋯

在日常生活中，联系人信息可以记录在本子上，也可以直接记录在手机、电脑等电子产品中，若记录在电子产品中时，还可以拥有一键拨号、发短信、发邮件等非常方便、快捷的功能。

联系人信息包含联系人的姓名、电话、地址、邮箱、生日、爱好、QQ 等信息。

📋 任务分析

我们可以利用 Python 中的字典功能进行如下几种操作：查询，可以查询所有信息，也可以查询指定人的信息；添加，在原有的通讯录中添加新的朋友；修改，在通讯录中查找到指定人进行信息修改；删除，从通讯录中删除指定人的信息。

如图 4-1-1 所示是查询功能的流程图。

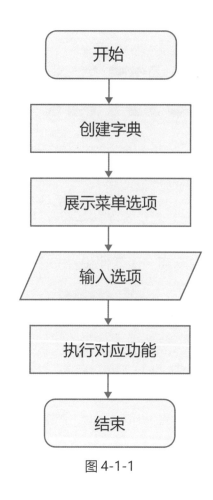

图 4-1-1

第一步: 创建字典。在 Python 中字典的每个键值对 (key ⇒ value) 用冒号 (:) 分割，每个对之间用逗号 (,) 分割，整个字典包括在花括号 ({}) 中 。键必须是唯一的，但值则不必。

语法	说明	举例
dict = {key1:value1,key2:value2}	字典用花括号括起来，存放多对键值，每对用逗号隔开，键与值用冒号隔开	d1 = {"a":1,"b":2, "c":3} d2 = {"n":"ch", "d":"0122"}

第二步: 展示菜单。我们知道通过 print() 函数可以输出文本内容，但是内容都是在同一行。要想多行展示文本内容，可以使用 Python 中的三引号。

语法	说明	结果
paragraph="""这是一个段落，可以由多行组成 """	编写多行文本的快捷语法，常用于文档字符串	"这是一个段落，可以由多行组成"

··· 小贴士 ···

Python 中使用引号来表示字符串时，一对引号开始与结束必须是相同类型的。比如，以单引号 (') 开始的，同样要以单引号 (') 结束。

第三步：输入选项。让用户可以自己输入需要执行的操作，程序可运用分支结构判断。

第四步：查询功能。Python 中想要查询字典中的值，可运用键来获取。

语法	说明	举例
dict[key]	把相应的键放到方括号中得到值	dict1 = {"abc": 456 } print(dict1["abc"]) 456

若想输出字典中的所有键值，在 Python 中可以使用 items() 方法，返回可遍历的键值。

语法	说明	举例
dict.items()	通过遍历得到字典中的键值	dict= {"abc":123,"qwe":987} for key,value in dict.items(): print(key,value)

如果用字典里没有的键访问数据，会出现什么情况？

📈 算法实现

该程序的运行结果如图 4-1-2 所示。

Python编辑器   运行

```python
1  students={"小码君":13512345678,"小码酱":13598765432}
2  menu="""
3  1、显示所有信息
4  2、查找指定信息
5  """
6  print("欢迎使用本通讯录系统")
7  print(menu)
8  team=int(input("请输入选项："))
9  if team==1:
10     for key,value in students.items():
11         print(key,":",value)
12 else:
13     name=input("请输入查找人姓名：")
14     print("{0}的电话是:{1}".format(name,students[name]))
```

文本输出

```
欢迎使用本通讯录系统

1、显示所有信息
2、查找指定信息

请输入选项： 1
小码君 ： 13512345678
小码酱 ： 13598765432
```

图 4-1-2

📋 进阶任务

给通讯录添加"增加""删除""修改"功能。

···· 小贴士 ····

在 Python 中若要为字典添加新的键值，直接给新的键 (key) 赋值即可。

语法	说明	举例
dict[key]=value	创建一个新的键并赋值	dict={" 数学 ":89} dict[" 语文 "]=100 dict={" 数学 ":89, " 语文 ":100}

如果要删除字典中的键值，可以在 Python 中使用 del 语句。

语法	说明	举例
del dict[key]	删除一个键，同时删除了它的值	dict={" 数学 ":89, " 语文 ":100} del dict[" 语文 "] dict={" 数学 ":89}

在 Python 的字典中，键 (key) 的名字不能被修改，我们只能修改值 (value)。由于字典中的键必须是唯一的，所以如果新添加元素的键与已存在元素的键相同，那么键所对应的值就会被新的值替换掉。

语法	说明	举例
dict[key]=value	在已有的键中赋一个新的值	dict={" 数学 ":89, " 语文 ":100} dict[" 语文 "]=60 dict={" 数学 ":89, " 语文 ":60}

✎ 自我评价

· 完成课堂练习　　☐ 达标　　　　　· 完成进阶任务　　☐ 达标

L4-2 计算电费

📎 任务情境

　　小码君所在地区实行月用电量累进计价：月用电量 50 千瓦时及以下部分，电度电价为 0.538 元 / 千瓦时；月用电量 50—200 千瓦时（含 200 千瓦时）部分，电度电价为 0.568 元 / 千瓦时；月用电量为 200 千瓦时以上部分，电度电价为 0.638 元 / 千瓦时。请帮助小码君设计一个程序，用来计算小码君家一年的电费总和。

··· 小贴士 ···

　　月阶梯电价将居民每月用电量按照满足基本用电需求、正常合理用电需求和较高生活质量用电需求划分为三档，电价实行分档递增。月阶梯电价的计算公式为：

第一档电费 = 第一档标准以内的电量 × 第一档电价；
第二档电费 = 超出第一档且在第二档标准以内的电量 × 第二档电价；
第三档电费 = 超出第二档标准的电量 × 第三档电价；
总电费 = 第一档电费 + 第二档电费 + 第三档电费。

📄 任务分析

　　在本课任务中，小码君可按上述公式计算出每个月的电费金额，最后将一年（12 个月）的电费金额相加。

年度电费金额 = 1 月电费 + 2 月电费 + 3 月电费 + ⋯ + 12 月电费

　　小码君家第一季度的用电量分别为 263 千瓦时、201 千瓦时、165 千瓦时、130 千瓦时，请你计算小码君家第一季度的电费金额为：＿＿＿＿＿＿＿＿＿。

　　计算年度电费可以分解成两个问题：（1）计算每月电费；（2）求 12 个月电费的总和。在设计程序时，可以将计算每月电费问题定义为一个函数，其流程图如图 4-2-1 所示。

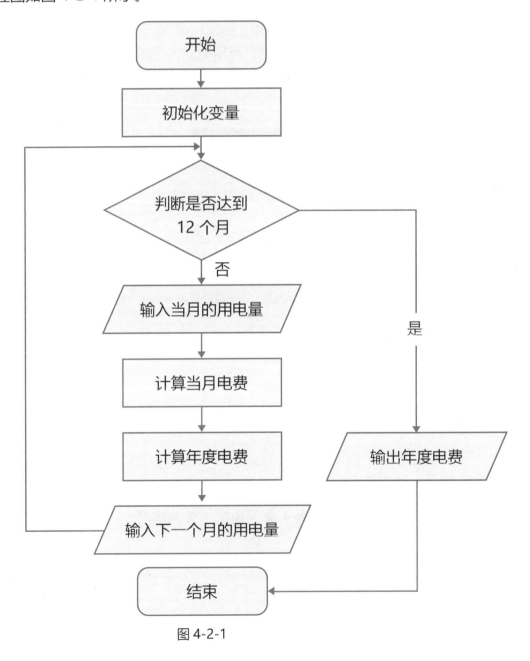

图 4-2-1

简单来讲，函数就是可以完成某项工作的代码块，在前面的课程中，我们学习的 print()、input()、range() 就是 Python 提供的内置函数。函数能简化程序、提高代码的复用性，我们也可以自己创建函数，这些函数称为用户自定义函数。

第一步：定义函数。在 Python 中定义一个函数要使用 def 关键字。函数根据是否带参数可分为带参函数和不带参函数。

函数	说明	举例
def 函数名 (): 　　函数体	不带参函数语法	def printMyaddress(): 　　print("ZHE JIANG") 　　print("HANG ZHOU")
def 函数名 (参数 1，参数 2，…): 　　函数体	带参函数语法	def printMyaddress(province, city): 　　print(province) 　　print(city)

上述两个函数例子，只是帮我们做了一些简单的工作。函数的另一个突出作用是：它们还可以向调用者返回一些东西，例如：在本课任务中，我们希望在调用计算月电费函数时，可以得到当月电费的值。

对于有返回值的函数，要让函数返回一个值时，需要在函数中使用 Python 中的关键字 return。

语法	说明	举例
return	将定义的函数中想要的数据返回	def sum(a,b): 　　c=a+b 　　return c

完成月电费函数的定义。

在前面的课程中我们使用过哪些 Python 的内置函数？它们属于带参函数还是不带参函数？是否有返回值？你是怎么调用这些函数的？

第二步：初始化变量。创建一个变量 y_cost 用于存储年度电费。

第三步：建循环体。一年有 12 个月，所以需要输入 12 个月的用电量，调用月电费函数计算 12 次，可以使用循环语句来完成。

第四步：函数调用。def 函数的代码并不属于主程序的一部分，程序运行时会跳过这一部分代码。如果我们定义了一个函数，但是从来不调用它，这些代码就永远也不会被运行。

调用自定义函数与调用 Python 的内置函数一样，对于没有返回值的函数，直接写"函数名 ()"即可。如果是带参函数，在括号里需要填写一些数据用来生成传递参数。

没有返回值的函数调用

举例	结果

``python
def printMyaddress():
    print("ZHE JIANG")
    print("HANG ZHOU")
 	
printMyaddress()
``
	ZHE JIANG
	HANG ZHOU

``python
def printMyaddress(province，city):
    print(province)
    print(city)
 	
printMyaddress("ZHE JIANG","HANG ZHOU")
printMyaddress("JIANG SU","CHANG ZHOU")
``
	ZHE JIANG
	HANG ZHOU
	JIANG SU
	CHANG ZHOU

有返回值的函数调用

举例	结果

``python
def sum(a,b):
    c=a+b
    return c
x=1
y=2
z1=sum(x,y)
z2=sum(5,6)
print(z1,z2)
``
	3 11

对于有返回值的函数，调用时必须以值的形式出现在表达式中。

小贴士

你可能已经注意到，在上一个例子中，有些变量在函数之外，如 x；有些变量在函数之内，如 c。对于函数而言，函数内的名字只有在函数运行时才会被创建，同时函数之外的名字也会被搁置在一边。所以我们无法在 sum 函数内打印 x 的值，也无法在 sum 函数之外打印 c 的值，这就是变量的作用域，我们也称这些变量为局部变量。

试一试

那我们可以在函数之内和函数之外定义一个名字相同的局部变量吗？如果给函数之内的变量赋值，它会影响到函数之外相同名字的变量吗？写个简单的程序验证下吧

第五步：输出年度电量。

算法实现

该程序的运行结果如图 4-2-2 所示。

Python编辑器   运行

```python
 1  def n_cost(n):
 2      cost=0
 3      if n<=50:
 4          cost=n*0.538
 5      elif n<=200:
 6          cost=50*0.538+(n-50)*0.568
 7      else:
 8          cost=50*0.538+150*0.568+(n-200)*0.638
 9      return cost
10  y_cost=0
11  for i in range(12):
12      kwh=float(input("请输入第"+str(i+1)+"个月的用电量："))
13      y_cost+=n_cost(kwh)
14  print("小码君一年的电费总和为：{0}元".format(y_cost))
```

文本输出

```
请输入第1个月的用电量：   50
请输入第2个月的用电量：   60
请输入第3个月的用电量：   40
请输入第4个月的用电量：   32
请输入第5个月的用电量：   90
请输入第6个月的用电量：   100
请输入第7个月的用电量：   150
请输入第8个月的用电量：   70
请输入第9个月的用电量：   40
请输入第10个月的用电量：   30
请输入第11个月的用电量：   50
请输入第12个月的用电量：   30
小码君一年的电费总和为：491.414元
```

图 4-2-2

••• 想一想 •••

如何只保留 2 位小数呢？在《中学信息技术（七年级上册）》"公式与函数"一课中，我们用 Excel2010 中的 round() 函数对数据进行四舍五入运算，如图 4-2-3 所示。

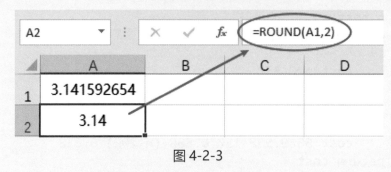

图 4-2-3

试一试，在 Python 中是否也可以用 round() 函数对数据进行四舍五入的操作呢？

☑ 进阶任务

小码君所在地区即将实施新的阶梯电价，将按整年用电量分三档：2760 千瓦时及以下部分，电价不调整，仍为 0.538 元 / 千瓦时；2760—4800 千瓦时（含 4800 千瓦时）部分，电价为 0.588 元 / 千瓦时；超过 4800 千瓦时部分，电价为 0.838 元 / 千瓦时。请帮小码君算一算新阶梯电价政策实施后，小码君家的年度电费是省了还是增了。

✐ 自我评价

· 完成课堂练习　　□ 达标　　　　· 完成进阶任务　　□ 达标

L4-3 绘制统计图

任务情境

放暑假啦，小码君参加的暑期实践小队要做一个关于中小学生近视情况的调查，小码君分配到的任务是统计及分析近几年来中小学生近视人数的比例。请帮他设计一个程序，将近几年中小学生近视人数的比例绘制成折线图。

小贴士

turtle（海龟）是 Python 重要的标准库之一，通过组合使用各类命令，可以轻松地绘制出精美的图案。它最初来自 Wally Feurzeig(沃利·费尔泽格),Seymour Papert(西摩·佩珀特) 和 Cynthia Solomon (辛西娅·所罗门) 于 1967 年所创造的 Logo 编程语言。turtle 提供面向对象和面向过程两种形式的绘图基本组件。

感兴趣的同学可以在课外查阅相关资料，了解有关 turtle 的更多知识。

任务分析

在本课任务中，小码君想要用 Python 绘制出折线图，可以用标准库——turtle。

第一步：用 import 语句导入标准库 turtle。

语法	说明	举例
import 模块名	引入模块	import turtle

69

可按照举例中的方法导入 turtle 库，导入之后就可以调用模块里包含的方法。例如：turtle.hideturtle()。

第二步：输入需要画折线图的中小学生近视人数的比例数据。在 Python 中，可以使用 input() 函数来接收键盘输入的数值。

第三步：将输入的数值放到变量中，变量的类型应为列表。

第四步：使用 hideturtle() 方法将海龟隐藏。

方法	说明	举例
hideturtle()	使 turtle 不可见。当你绘制复杂图形时这是个好主意，因为隐藏 turtle 可显著加快绘制速度	turtle.hideturtle()

第五步：自定义一个画直线的函数，可用于画 x 轴和 y 轴等等。例如：drawLine(t,x1,y1,x2,y2,colorP="black")。

参数名称	说明
t	turtle 对象
x1	坐标轴左侧点的 x 坐标值
y1	坐标轴左侧点的 y 坐标值
x2	坐标轴右侧点的 x 坐标值
y2	坐标轴右侧点的 y 坐标值
colorP	画笔颜色

函数的运行步骤如下：第一步，使用 turtle 中的 up() 方法，将 turtle 对象 t 的画笔抬起；第二步，使用 turtle 中的 goto() 方法，将画笔移动到坐标为 (x1,y1) 的位置；第三步，使用 turtle 中的 down() 方法，将画笔落下；第四步，使用 turtle 中的 pencolor() 方法，将 t 的画笔颜色设置为 colorP；第五步，使用 goto() 方法，将画笔移动到坐标为 (x2,y2) 的位置。

方法	说明	举例

pencolor()	返回或设置画笔颜色	# 设置画笔颜色为 brown
		turtle.pencolor("brown")

up()	画笔抬起，移动时不画线	turtle.up()
down()	画笔落下，移动时将画线	turtle.down()
goto(x,y)	turtle 移动到一个绝对坐标 (x,y)。如果画笔已落下将会画线，但不改变 turtle 的朝向	turtle.goto(60,30)

第六步：调用第五步所自定义的函数，画出 x 轴和 y 轴。

··· 想一想 ···

x 轴和 y 轴的长度分别应该为多少？调用函数时，参数应该设置为多少呢？

第七步：假设画折线图需要的数据有 n 个，则调用第五步所自定义的函数，重复执行 n 次，画出 x 轴上的点间距；调用第五步所自定义的函数，重复执行 n 次，画出 y 轴上的点间距。

第八步：标出 x 轴和 y 轴上各点的数值。给 x 轴上各点标出数值的过程如下：第一步，使用 up() 方法，将画笔抬起；第二步，使用 pencolor() 方法，将画笔颜色设置为其他颜色，例如"blue"；第三步，使用 goto() 方法，将画笔移动到对应点间距的下方（约在该点下移 20 的位置，即 y 坐标减少 20），重复执行 n 次，再使用 write() 方法，书写该点的 x 坐标值。

方法	说明	举例
write(arg, move=False, align="left", font=("Arial", 8, "normal"))	书写文本时，arg 表示指定的字符串，align 表示指定对齐方式("left","center" 或 "right")，font 表示指定字体。如果 move 为 True，画笔会移动到文本的右下角。默认 move 为 False	turtle.write("Home = ", True, align="center")

试一试

你已经知道了给 x 轴上各点标出数值的方法，那么给 y 轴上各点标出数值的方法呢？

第九步：用 goto() 方法将画笔移动到 (100,-50) 位置，使用 write() 方法书写出"中小学生近视人数比例分析图"。

第十步：自定义一个用于画两个数据点及其连线的函数，例如：drawLineWithDots(t,x1,y1,x2,y2,colorP)。

函数的运行步骤如下：第一步，使用 turtle 中的 pencolor() 方法，将 t 的画笔颜色设置为 colorP；第二步，使用 turtle 中的 up() 方法，将 turtle 对象 t 的画笔抬起；第三步，使用 turtle 中的 goto() 方法，将画笔移动到坐标为 (x1,y1) 的位置；第四步，使用 turtle 中的 dot() 方法，让画笔画出一个直径为 5 的圆点；第五步，使用 turtle 中的 down() 方法，将画笔落下；第六步，使用 goto() 方法，将画笔移动到坐标为 (x2,y2) 的位置；第七步，使用 dot() 方法，让画笔画出一个直径为 5 的圆点。

方法	说明	举例
dot(size=None, *color)	绘制一个指定直径、颜色的圆点。如果直径大小未指定，则直径取 pensize(画笔的宽度)+4 和 2×pensize 中的较大值	turtle.dot(20,"blue")

••• 想一想 •••

第十步中的自定义函数 drawLineWithDots() 和第五步中的自定义函数 drawLine() 有什么区别？

第十一步：重复执行 n 次，用变量 i 控制循环次数，每次调用第十步中的自定义函数，参数 x1 为 i，y1 为第 i 个数据值，x2 为 (i+1)，y2 为第 i+1 个数据值。

••• 小贴士 •••

输入的数据值可能非常接近，直接用原数据值进行画图会导致折线图非常小，并且不美观。在绘图时可以将所有数据值等比例扩大。

📈 **算法实现** (样例代码)

该程序的运行结果如图 4-3-1 所示。

Python编辑器　　　　　　　　　　　　　　　　　　　　　　　　　　　　　　　　运行

```python
 1  import turtle
 2  import turtle as t
 3  t.setup(900,400)                                    #设置画布大小
 4
 5  def drawLine(t,x1,y1,x2,y2,colorP="black"):         #定义画直线函数,用于画X轴和Y轴
 6      t.up()
 7      t.goto(x1,y1)
 8      t.down()
 9      t.pencolor(colorP)
10      t.goto(x2,y2)
11
12  def drawLineWithDots(t,x1,y1,x2,y2,colorP):         #定义画直线函数,用于画两个数据点之间的直线
13      t.pencolor(colorP)
14      t.up()
15      t.goto(x1,y1)
16      t.dot(5)
17      t.down()
18      t.goto(x2,y2)
19      t.dot(5)
20
21  data = list(map(int,input().split()))              #创建变量存放列表,用于存储用户输入的数据
22  n=len(data)                                        #获取列表长度
23
24  t=turtle.Turtle()
25
26  t.hideturtle()                                     #隐藏画笔
27
28  drawLine(t,0,0,400,0)                              #调用绘画X轴函数
29  drawLine(t,0,0,0,300)                              #调用绘画Y轴函数
30
31
32  for i in range(n):                                 #调用绘画间隔线段
33      drawLine(t,100*(i+1),0,100*(i+1),10)
34  for i in range(n):
35      drawLine(t,0,10*data[i]-500,10,10*data[i]-500)
36
37  t.up()                                             #抬起画笔
38
39  for i in range(n):                                 #设定数轴上的数据值
40      t.goto(-10,10*data[i]-500)
41      t.write(data[i],move=False,align="center",font=("Arial",16,"normal"))
42  for i in range(4):
43      t.goto(100*(i+1),-20)
44      t.write(i+1,move=False,align="center",font=("Arial",16,"normal"))
45
46  t.goto(100,-50)                                    #设定标题
47  t.write("中小学生近视人数比例分析图",
48          move=False,align="center",font=("Arial",16,"normal"))
49
50
51  colorP="red"                                       #调用绘画数据之间直线的函数
52  for i in range(3):
53      drawLineWithDots(t,100*(i+1),10*data[i]-500,
54                       100*(i+2),10*data[i+1]-500,colorP)
```

图 4-3-1

运行程序代码后输出的图形如图 4-3-2 所示。（横、纵坐标分别表示年份和近视的中小学人数所占的比例，但此处不对学生做标识坐标轴的要求）

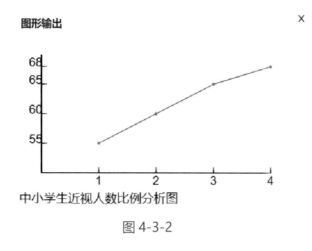

图 4-3-2

📋 进阶任务

设计一个可根据输入数据改变坐标轴长度、数值比例方法的折线图绘制工具。

✏️ 自我评价

· 完成课堂练习　　□ 达标　　　　　　·完成进阶任务　　□ 达标

综合练习四

编写一个可以求黄金分割数列某一项的程序。

🏳 任务要求

(1) 定义求黄金分割数列项的函数；

(2) 用户输入项数；

(3) 输出黄金分割数列中对应项的结果。

📃 任务分析

黄金分割数列：0，1，1，2，3，5，8，13，21，34，…。

📈 算法实现

文本输出

```
请输入黄金分割数列项： 10
黄金分割数列的第 10 项为 55
```

拓展篇

- ★ 了解人工智能技术
- ★ 认识外部拓展设备
- ★ 掌握语音识别工具的制作

LS-1 汽车性能

🏁 任务情境

周日，小码君和哥哥一起去上海看了赛车比赛，他对比赛中的赛车非常好奇。周一，小码君回到学校和同学们一起讨论，计划设计一个程序，输入汽车信息就可以查询该汽车的基本性能。

··· ◣ 小贴士 ◢ ···

选择汽车主要从五个方面考虑：品牌、最高时速、涡轮数量、颜色、价格。感兴趣的同学可以在课外查阅相关资料，了解有关汽车的更多知识。

📋 任务分析

在本课任务中，小码君可按输入的最高时速来判断汽车的性能。

··· ◣ 试一试 ◢ ···

请上网查询一下现在汽车的最高时速为多少，这是判断一辆汽车性能好坏的重要标准。

这节课我们把任务分成两个部分：类的定义和导入。在模板文件中定义一个 Car 类（属性有 brand、speed、turbine、color、price；方法为 run）；在编程环境中导入模板文件，新建一个 Car 类的对象（ft），将输入的属性值依次传给 ft，并调用类的方法，最后输出结果。

简单来说，类就是某一类事物具有相同的属性和方法的所有对象。比如：不同的猫有不同的颜色，颜色就属于它的属性。

在 Python 中，类的命名用大写字母开头。

如何进行类的定义呢？

第一步： 先定义一个模板文件 fun.py，在该文件中我们进行具体的 Car 类的定义。

第二步： 定义 Car 类的属性。

语法	说明	举例
def __init__(self, name): self.name= name	定义类的 name 属性，将对应输入的 name 值存放在 name 属性中	def __init__(self, color): self.color= color

init() 是一个特殊的函数名，用于根据类的定义创建实例对象。

第三步： 定义 Car 类的方法。在该方法中，我们实现对汽车性能等属性的判断。

我们将在类的定义和调用中所用到的函数称为方法，方法使用中的语法要求和函数一样。

第四步：将判断结果输出。在 Python 中，可以使用 print() 函数来实现结果的输出。

算法实现

该程序的运行结果如图 5-1-1 所示。

```
Python编辑器                                                                                          运行

1 · class Car:                                                    #定义Car类
2 ·     def __init__(self, brand, speed, turbine, color, price):  #定义Car类的不同属性值（品牌、最高时速、涡轮数量、颜色、价格）
3           self.brand=brand                                      #存储当前对象的品牌属性值
4           self.speed=speed                                      #存储当前对象的最高时速属性值
5           self.turbine=turbine                                  #存储当前对象的涡轮数量属性值
6           self.color=color                                      #存储当前对象的颜色属性值
7       def run(self):                                            #存储当前对象的价格属性值
8           color=self.color                                      #定义Car类的方法，用该方法实现车子性能等属性的判断
9           print("这是一辆"+color+"的汽车")                       #取出当前对象的颜色属性值
10          brand=self.brand                                      #输出当前对象的颜色属性值
11          turbine=self.turbine                                  #取出当前对象的品牌属性值
12          speed=self.speed                                      #取出当前对象的涡轮数量属性值
13          price=self.price                                      #取出当前对象的最高时速属性值
14          if speed>100:                                         #取出当前对象的价格属性值
15 ·             print("拥有"+turbine+"个涡轮，性能强")
16          else:
17 ·             print("拥有"+turbine+"个涡轮，性能弱")            #判断当前对象的速度性能如何，并输出涡轮数量以及性能强弱
18          if price>500000:
19 ·             print("是"+brand+"品牌汽车，价格贵")
20          elif price>200000:
21 ·             print("是"+brand+"品牌汽车，价格中等")
22          else:
23 ·             print("是"+brand+"品牌汽车，价格低")              # 判断当前对象的价格如何，并输出品牌类型以及价格高低
24
```

图 5-1-1

如何进行类的导入呢?

第一步：导入模板文件 fun.py。

第二步：依次输入汽车的若干属性值，包括品牌、最高时速、涡轮数量、颜色、价格，并将它们存放在不同的变量中。

第三步：新建一个 fun 模板中 Car 类型下的对象，将属性值依次输入，并调用 Car 类中的 run 方法，对输入汽车的性能数据进行一个评估判断。

语法	说明	举例
a = mould.b(c,d) a.f()	新建一个 mould 模板中 b 类型下的对象 a，将属性值 c，d 对应传入模板文件中，并调用模板文件中的 f 方法	ft=fun.Car(brand, speed, turbine, color, price) ft.run()

··· 小贴士 ···

注意：传入的多个属性值顺序和模板文件中定义的多个属性顺序必须一致！

第四步：将判断结果输出。

📈 算法实现

该程序的运行结果如图 5-1-2 所示。

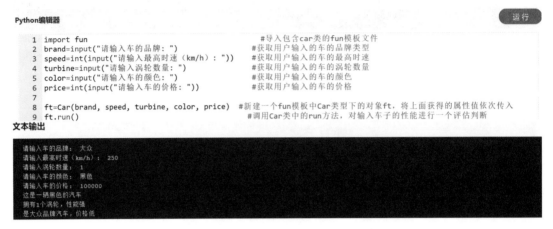

```
Python编辑器                                                          运行
1  import fun                        #导入包含car类的fun模板文件
2  brand=input("请输入车的品牌: ")      #获取用户输入的车的品牌类型
3  speed=int(input("请输入最高时速（km/h）: "))  #获取用户输入的车的最高时速
4  turbine=input("请输入涡轮数量: ")    #获取用户输入的车的涡轮数量
5  color=input("请输入车的颜色: ")      #获取用户输入的车的颜色
6  price=int(input("请输入车的价格: ")) #获取用户输入的车的价格
7
8  ft=Car(brand, speed, turbine, color, price)  #新建一个fun模板中Car类型下的对象ft，将上面获得的属性值依次传入
9  ft.run()                          #调用Car类中的run方法，对输入车子的性能进行一个评估判断
文本输出

请输入车的品牌: 大众
请输入最高时速（km/h）: 250
请输入涡轮数量: 1
请输入车的颜色: 黑色
请输入车的价格: 100000
这是一辆黑色的汽车
拥有1个涡轮，性能强
是大众品牌汽车，价格低
```

图 5-1-2

📋 进阶任务

设计一个用于查询汽车的辨识器，即输入汽车的基本信息（最高时速、颜色、价格）可以输出汽车的品牌。

✏️ 自我评价

· 完成课堂练习　　☐ 达标　　　　· 完成进阶任务　　☐ 达标

LS-2 人机交互

📑 任务情境

小码君最近发现与 Siri(苹果智能语音助手) 对话特别有意思，请你帮助小码君在 Python 中设计一个简单的程序来模拟与 Siri 的简单对话。

📄 任务分析

语音识别技术是人工智能中的一项重要内容，在 Python 中实现人机交互就 需要用到具有语音识别功能的相关程序。目前，有多种途径可以实现这一点。本课将以百度智能云为例来介绍如何在 Python 中通过远程调用人工智能语音识别程序进行语音识别，并给出相应的回应。

第一步 ：安装 Python SDK(软件开发工具包) 并新建 AipSpeech(百度语音的客户端)。首先安装 pip(Python 包管理工具)，并在 cmd(命令) 中执行 pip install baidu-aip，再新建 AipSpeech。

··· 小贴士 ···

AipSpeech 是语音技术的 Python SDK 客户端，为使用语音合成的开发人员提供了一系列的交互方法。

注册 APPID AK SK 的步骤：

1. 进入 https://ai.baidu.com(百度 AI 开放平台)；

2. 点击右上角 "控制台"；

3. 点击左侧 "产品服务" 中 "人工智能" 板块下的 "语音技术"，再在新页面中点击 "创建应用"；

4. 创建完成之后，查看应用列表，获得三个接口参数。

第二步：读取已录制的文件并对其进行识别。这一部分分为两个小步骤，第一小步我们要在 Python 中打开并读取音频文件，第二小步是调用函数来进行音频的识别。

运用 AipSpeech 中的自动语音识别函数 (.asr) 对语音文件进行识别：client.asr("speech", "format", "rate", "dev_pid")。

··· 小贴士 ···

speech 为建立包含语音内容的 Buffer 对象，format 为音频文件格式，如 pcm，wav，amr（不区分大小写），推荐使用 pcm 文件格式；rate 为采样率，16000 为固定值；dev_pid 为语言类型（默认为 1537，即带标点的普通话）。

··· 想一想 ···

假如一段语音被成功识别，则在 Python 中会得到如图 5-2-1 所示的结果。小码君若只想得到识别出的文字，请问他该怎样操作呢？

文本输出

```
{
"err_no": 0,
"err_msg": "success",
"corpus_no": "1598412520328534637",
"sn": "481D633F-73BA-726F-49EF-8659ACCC2F3D"
"result":["北京天气"]
}
```

图 5-2-1

第三步：对识别出的语音内容做出回应。例如：输入内容为"锄禾日当午"的音频文件，则做出内容为"汗滴禾下土"的回应。

如何实现输入不同的音频文件得到不同的回应的功能呢？

　　提示：在组合数据类型（集合类型、序列类型、字典类型）中，我们学习了用恰当的关系来表达一组数据的字典类型，那么字典类型能否实现这个功能呢？

　　第四步 ：对回应的文字进行语音合成。调用AipSpeech中的自动语音合成函数(.synthesis)进行语音合成：client.synthesis("text", "language",cuid,{"spd","pit", "vol","per"})。

参数	类型	描述	是否必须
text	string	合成的文本，请注意文本长度必须小于 1024 字节	是
language	string	语种，中文为 "zh"	是
cuid	string	用户唯一标识，用来区分用户，长度为 60 字节以内	否
spd	string	语速，取值 0—9，默认为 5(中语速)	否
pit	string	音调，取值 0—9，默认为 5(中音调)	否
vol	string	音量，取值 0—15，默认为 5(中音量)	否
per	string	发音人选择,0 为女声，1 为男声，3 为情感合成——度逍遥，4 为情感合成——度丫丫（度丫丫是百度的智能虚拟人物），默认为普通女	否

⚙ 算法实现（样例代码）

该程序的运行结果如图 5-2-2 和图 5-2-3 所示。

Python编辑器　　　　　　　　　　　　　　　　　　　　　　　　　　　　　　　　　　（运行）

```python
1  #第一步
2  from aip import AipSpeech                              #从百度平台提供的模块中导入AipSpeech类
3
4  """你的APPID AK SK"""                                  #用于标识用户，为访问做签名验证
5  APP_ID="17927043"
6  API_KEY="W0Eju5xKVm72k0HbVo0M0ZAG"
7  SECRET_KEY="PocOjNoVRmepWSZ57rMNIG9HgNox19k3"
8  client=AipSpeech(APP_ID, API_KEY, SECRET_KEY)          #client变量是实例化AipSpeech这个类，以便调用其中的函数
9
10 #第二步
11 f=open("16k.pcm","rb")
12 p=f.read()
13
14 voice=client.asr(p, 'pcm', 16000, {"dev_pid": 1536})   #运用AipSpeech类中的自动语音识别函数asr()
15 a=voice['result'][0]
16
17 #第三步：
18 talk={"北京科技馆":"在北京市朝阳区北辰东路5号","锄禾日当午":"汗滴禾下土"}  #将预设的对话放置在字典类型中
19
20 if a in talk:
21     print(talk[a])
22
23 #第四步：
24 result=client.synthesis(talk[a],"zh",1,
25                         { "vol": 5,"per":1})           #运用AipSpeech类中的语音合成函数synthesis()
26 fo=open("auido.mp3", "wb")                             #创建音频文件
27 fo.write(result)                                       #写入音频数据
28 fo.close()
29
30 import playsound                                       #导入内置库playsound并播放声音
31 playsound.playsound("auido.mp3")
```

文本输出

```
在北京市朝阳区北辰东路5号
```

图 5-2-2

audio.mp3

图 5-2-3

⏱ 进阶任务

在本节课的基础上设计一个可以进行多次对话的程序，即依次输入不同的音频文件，得到与之对应的语音。

✎ 自我评价

· 完成课堂练习　　□ 达标　　　　　　　· 完成进阶任务　　□ 达标

LS-3 自动监测

📵 任务情境

　　智慧农业是通过信息技术改造传统农业，并使用自动化技术监测农作物的一项重要技术。在小码君的老家，奶奶种植了很多月季花，但是月季花对温湿度的要求较高，最适宜的温度为 20 ~ 25℃，空气湿度为 70%—80%，为了帮助奶奶监测月季花的温度和湿度，今天我们来做一个"自动监测"系统。

📑 任务分析

　　本课将以 MicroPython 为例，介绍基于 MicroPython 的软、硬件来实现 python 语言控制硬件的功能。整体操作较为简单，只需要将带有温湿度传感器的主控板连接到电脑上，在对应软件中使用 Python 语言编写程序，读取温湿度传感器检测到的数据并输出即可。

┄┄ 小贴士 ┄┄

MicroPython 是精简、高效的 Python 语言解释器，让用户能够轻松地将代码从桌面传输到微控制器或嵌入式系统中。MicroPython 包含 OpenIOE AMC Cube 和 OpenIOE AMC Camera 两款电子电路板，提供了可用于控制各种电子项目的 MicroPython 操作系统。本课以 MicroPython OpenIOE AMC Cube 电路板为例进行讲解，如图 5-3-1 所示。

图 5-3-1

具体步骤

第一步 ：硬件连接。通过连接线将电路板连接至电脑，此时电脑会将电路板识别为可移动的 USB 闪存驱动器，如图 5-3-2 所示。

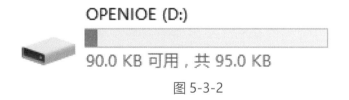

OPENIOE (D:)

90.0 KB 可用，共 95.0 KB

图 5-3-2

在驱动器中我们会看到以下几个文件，如图 5-3-3 所示，我们就是在其中的 main.py 中编写脚本。

名称	修改日期	类型	大小
∨ Python File (2)			
🗒 boot.py	2000-01-01 0:00	Python File	1 KB
🗒 main.py	2000-01-01 0:00	Python File	1 KB
∨ 安装信息 (1)			
🗒 pybcdc.inf	2000-01-01 0:00	安装信息	3 KB
∨ 文本文档 (1)			
🗒 README.txt	2000-01-01 0:00	文本文档	1 KB

图 5-3-3

··· 小贴士 ···

boot.py：在电路板启动时执行此脚本，它为电路板的设置提供各种配置选项。
main.py：用户自行编写 Python 程序的主要脚本。
README.txt：包含非常基本的获取信息。
pybcdc.inf：一个 Windows 驱动程序文件，用于配置串行 USB 设备。

第二步：工具下载和串行口连接。OPENIOE 软件是 MicroPython 的配套工具，具有专门定制的集成开发环境 (IDE)，为我们对电路板进行操作带来很大的便利，下载地址为 http://openide.celerstar.com/。

打开 OPENIOE 软件，选择菜单下的"文件"—"修改工作空间"，单击"OPENIOE (E:)"盘选项，如图 5-3-4 所示。

图 5-3-4

　　串行口连接电路板：在 OPENIOE 软件主页面中，串口列表中选择"USB 串行设备 (COM13)"，串行速率选择"115200"，并点击"调试开关"按钮，如图 5-3-5 所示。

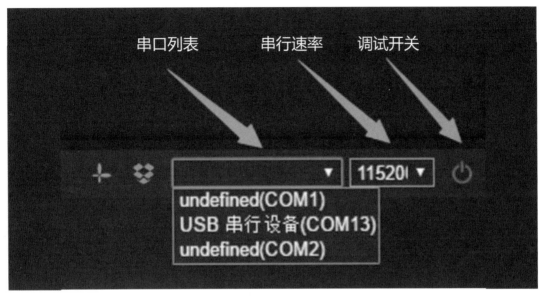

图 5-3-5

　　串行口也叫作串行接口（通常指 COM 接口），是指数据一位一位地按顺序传送，其特点是通信线路简单，只要一对传输线就可以实现双向通信，从而大大降低了成本，特别适用于远距离通信，但传送速度较慢。

　　第三步：调用温湿度传感器。"自动监测"系统的主要功能是监测月季花所在环境的温度和湿度，所以我们需要一个温湿度传感器，本课选择了 DHT22 这一款温湿度传感器模块，并将其连接到电路板上，如图 5-3-6 所示。

图 5-3-6

温湿度传感器是传感器中的一种，能通过特定的检测装置检测出空气中的温、湿度，并能将检测结果转换成电信号或其他所需形式输出，用以满足用户需求。

📈 算法实现

该程序的运行结果如图 5-3-7 所示。

Python编辑器 `运行`

```
1  from dht22 import DHT22              #导入传感器的库
2  import pyb                           #导入pyb模块,该模块包含控制开发板功能的所有功能和类
3
4  #自定义函数ms(),记录每次测量以及输出的过程
5  def ms():
6      (hum,temp)=DHT22.measure()       #调用传感器的measure方法会输出湿度和温度数据
7      #我们将输出的数据保存在hum和temp两个变量中
8      if ((hum==0) and (temp==0)) or (hum>100):
9          #如果测量的温度和湿度都为0,或湿度大于100,我们认为是传感器反馈的数据有误
10         raise ValueError("传感器数据无效")    #触发异常后提示无效,后面的代码不再执行
11     else:
12         #判断温度是否适宜生长并输出结果
13         if temp<20:
14             print("温度过低,不适宜生长")
15         elif temp>25:
16             print("温度过高,不适宜生长")
17         else:
18             print("温度适中,适宜生长")
19         #判断湿度是否适宜生长并输出结果
20         if hum<70:
21             print("空气太干燥,不适宜生长")
22         elif hum>80:
23             print("空气太潮湿,不适宜生长")
24         else:
25             print("空气湿度适中,适宜生长")
26 #以下部分是主板正式运行的代码
27 DHT22.init()              #初始化传感器
28 while True:               #程序开始让测量步骤不断进行
29     ms()                  #调用测量函数
30     pyb.delay(3000)       #延迟3000ms,即让整个测量步骤隔3s执行一次
```

图 5-3-7

保存代码，点击运行按钮，如图 5-3-8 所示。

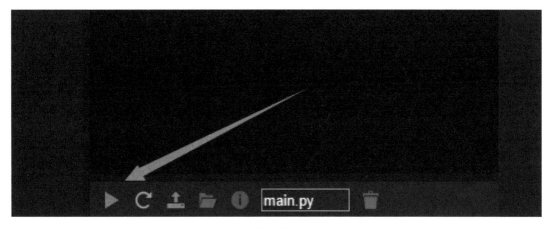

图 5-3-8

因为代码被储存在电路板内部的文件中，所以即使电路板与电脑断开连接，只需给电路板供电，文件内的代码依然能够正常运行。

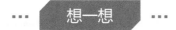

··· 想一想 ···

除了用 print 语句输出文字提示外，我们对得到的温、湿度数据还能进行什么操作呢？如何把这些功能应用到我们的"自动监测"系统中呢？跟同学们交流看看！

声音传感器的作用相当于一个话筒（麦克风），它不仅能用来接收声波，显示声音强度的大小，也能用于研究声音的波形，如图 5-3-9 所示。

图 5-3-9

触摸传感器上面的元件可以感受到物体是否与该传感器有接触，可以用来制作与人体有接触的互动装置，如图 5-3-10 所示。

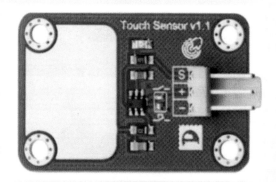

图 5-3-10

光敏传感器是对外界光信号或光辐射有响应或转换功能的敏感装置。其可应用于太阳能草坪灯、光控小夜灯、照相机、监控器、光控玩具、声光控开关等装置中，如图 5-3-11 所示。

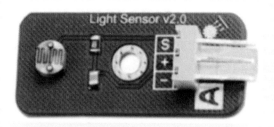

图 5-3-11

超声波传感器主要用于测量距离，可以广泛应用在机器人防撞、各种超声波接近开关和防盗报警等相关领域。其具有"工作可靠，安装方便，灵敏度高"的特点，如图 5-3-12 所示。

图 5-3-12

红外测距传感器是一种能够感应物体辐射的红外线，并利用红外线的物理性质来测量距离的传感装置。它具有"测量范围广，响应时间短，易于安装，便于操作"的特点。广泛应用于检测顾客自动开启的大门上，如图 5-3-13 所示。

图 5-3-13

📋 进阶任务

在本节课的基础上，通过查阅资料，尝试调用并读取其他几种传感器上的数据。

✎ 自我评价

·完成课堂练习　　☐ 达标　　　　　　·完成进阶任务　　☐ 达标

综合练习五

编写一个识别图片的程序。

📘 任务要求

1. 任意选择一张图片；
2. 输出图片属于什么类型、图片的关键字、匹配度等信息。

📋 任务分析

（1）调用百度图像识别模块 (AipImageClassify)；

（2）随后读取图片信息；

（3）最后将图片的识别结果输出。

⚙ 算法实现

文本输出

```
* * * * * * *

【分类:交通工具-汽车】
【关键字:汽车】
【匹配度:0.364025】
* * * * * * *

* * * * * * *

【分类:交通工具-汽车】
【关键字:跑车】
【匹配度:0.191068】
* * * * * * *

* * * * * * *

【分类:商品-交通工具】
【关键字:SUV】
【匹配度:0.08258】
* * * * * * *

* * * * * * *

【分类:商品-玩具】
【关键字:玩具汽车】
【匹配度:3.3e-05】
* * * * * * *
```